AF315929

CONSIDÉRATIONS

SUR LA

DESTRUCTION DU SUCRE

DANS L'ÉCONOMIE ANIMALE,

PRÉSENTÉES

Par M. MIALHE,

A LA SOCIÉTÉ D'HYDROLOGIE MÉDICALE DE PARIS,

EN RÉPONSE

A UN TRAVAIL DE M. FAUCONNEAU-DUFRESNE,

LE 6 AVRIL 1857.

PARIS

GERMER BAILLIÈRE, LIBRAIRE-ÉDITEUR,

17, RUE DE L'ÉCOLE-DE-MÉDECINE.

1857

CONSIDÉRATIONS

SUR LA

DESTRUCTION DU SUCRE

DANS L'ÉCONOMIE ANIMALE.

Dans le travail que **M.** le docteur Fauconneau-Dufresne a lu sur le *traitement des maladies du foie par les eaux minérales,* se trouvent énoncées des propositions relatives à l'affection diabétique, sur lesquelles nous demandons à la Société l'autorisation de lui présenter quelques réflexions.

I. — M. Fauconneau-Dufresne dit : « Qu'on ne peut
» plus douter aujourd'hui que le diabète dépende d'une
» exagération dans la sécrétion du sucre hépatique. »
Nous ne partageons nullement cette opinion, et sans entrer dans aucune discussion à ce sujet, nous nous bornerons à rappeler certaines difficultés tout à fait incompatibles avec cette théorie : par exemple, le fait de la disparition du sucre des urines pendant l'abstention complète des matières amylacées et sucrées, fait capital que je laisse à l'appréciation de nos confrères.

II.—Quant à l'assertion qu'*une liqueur plus alcaline que le sang ne décompose pas la glycose,* nous devons

EXTRAIT

DES ANNALES DE LA SOCIÉTÉ D'HYDROLOGIE MÉDICALE DE PARIS.

Paris. — Imprimerie de L. MARTINET, rue Mignon, 2.

CONSIDÉRATIONS

DESTRUCTION DU SUCRE

DANS L'ÉCONOMIE ANIMALE.

Dans le travail que **M.** le docteur Fauconneau-Dufresne a lu sur le *traitement des maladies du foie par les eaux minérales,* se trouvent énoncées des propositions relatives à l'affection diabétique, sur lesquelles nous demandons à la Société l'autorisation de lui présenter quelques réflexions.

I. — M. Fauconneau-Dufresne dit : « Qu'on ne peut » plus douter aujourd'hui que le diabète dépende d'une » exagération dans la sécrétion du sucre hépatique. »

Nous ne partageons nullement cette opinion, et sans entrer dans aucune discussion à ce sujet, nous nous bornerons à rappeler certaines difficultés tout à fait incompatibles avec cette théorie : par exemple, le fait de la disparition du sucre des urines pendant l'abstention complète des matières amylacées et sucrées, fait capital que je laisse à l'appréciation de nos confrères.

II. — Quant à l'assertion qu'*une liqueur plus alcaline que le sang ne décompose pas la glycose,* nous devons

4

la combattre de toutes nos forces, car c'est sur la décomposition de la glycose par les alcalis que, depuis
1844, nous avons fondé nos opinions sur la cause et le
traitement du diabète. En effet, lorsque nous avons
cherché les causes de destruction de la glycose dans
l'économie, nous avons commencé à établir, par des
expériences qui peuvent être facilement vérifiées, que
la glycose seule, soit à froid, soit à chaud, n'a aucune affinité pour l'oxygène, et est complétement sans
action sur le bioxyde et les sels de cuivre ; qu'elle
n'acquiert de propriété réductive, qu'elle ne peut absorber l'oxygène et se combiner avec lui, qu'autant
qu'elle est décomposée, transformée en substances
nouvelles, et que ces transformations ne peuvent avoir
lieu que sous l'influence des alcalis libres ou carbo-
natés.

Ces faits incontestables nous ont conduit à penser
que dans l'économie animale, la glycose doit être sou-
mise aux mêmes lois chimiques, et qu'elle ne peut se
combiner avec l'oxygène sans l'intervention des éléments alcalins ; mais nous n'avons jamais prétendu que
les alcalins dussent seuls opérer la destruction de la glycose, nous avons tenu grand compte des phénomènes
de circulation et de respiration, qui, sous la dépendance
du système nerveux, exercent une si grande influence
sur l'oxygénation, et nous avons dit : Les phénomènes
généraux de combustion intra-vasculaire sont en rap-
port direct avec la destruction de la glycose : tout ce
qui activera la circulation et la respiration, marche,
travail, efforts musculaires, air pur et abondant, sera
favorable à cette destruction.

Pour nous la destruction de la glycose dans l'économie est un phénomène de combustion : c'est par l'intervention des alcalis du sang que la glycose et ses congé-
nères se décomposent, s'oxydent, brûlent et deviennent
de véritables éléments respiratoires.

Supposez que l'on change la proportion de ces éléments, glycose, alcalis, oxygène, sans les mettre en
relation convenable, les phénomènes physiologiques
seront immédiatement modifiés.

Si la glycose seule est augmentée, les alcalis et l'oxygène ne pourront plus en opérer entièrement la décomposition et l'oxydation.

Si à une addition de glycose est jointe une addition
d'alcalis, ce sera l'oxygène qui alors fera défaut pour
la combustion des matières sucrées.

Enfin, si la quantité de glycose restant la même, l'alcali ou l'oxygène vient à diminuer, la décomposition
d'une part, la combustion d'autre part, n'auront plus
lieu, et la glycose apparaîtra dans les sécrétions.

— C'est ainsi que nous comprenons la nécessité
de la présence des alcalis et de l'oxygène pour la combustion de la glycose dans l'économie.

Nous trouvons dans certaines préparations minérales une série de phénomènes parfaitement identi-
ques.

Le plomb, par exemple, ne peut passer à l'état de
carbonate qu'autant qu'il a été préalablement oxydé :
dans la fabrication de la céruse par le procédé hollan-
dais, qui consiste à mettre le plomb en contact avec du
vinaigre dans des pots rangés dans des cases de bois
recouvertes de fumier, le fumier entre en fermentation,

la température s'élève graduellement, et il se dégage des quantités considérables d'acide carbonique ; sous l'influence de l'acide acétique le métal absorbe l'oxygène de l'air et l'acide carbonique du fumier ; et au bout de quelques semaines les feuilles de plomb sont presque complétement transformées en céruse.

Mais si l'on supprime les courants d'air dans les cases, il ne se forme pas traces de céruse ; si les courants d'air sont mal ménagés, la transformation du plomb en carbonate n'est que partielle ; si l'on supprime l'acide carbonique, il ne se produit pas de céruse.

Hé bien ! il en est de même dans l'économie : si la glycose ne se trouve pas en présence de quantité suffisante, 1° d'alcalins pour devenir matière oxydable ; 2° d'oxygène pour opérer la combustion, elle reste glycose et est chassée de l'économie comme corps étranger et inutile.

— Voilà des faits qui, complétement en dehors de toute théorie sur l'origine du sucre dans l'économie, nous paraissent décisifs en faveur de la combustion de la glycose sous l'influence des alcalis ; et si l'on objecte qu'il est difficile de comprendre ces phénomènes de combustion s'effectuant dans l'économie à une basse température, nous répondrons que ces phénomènes existent, qu'ils ne peuvent être niés, et nous les rapportons à une cause catalytique entièrement semblable à l'oxydation déterminée par certains corps poreux et condensateurs de l'oxygène, tels que le noir et l'éponge de platine. L'admirable disposition des membranes, la multiplicité des surfaces, la porosité infinie, le mouvement circulatoire qui multiplie les contacts, font de l'organisme un appareil propre, comme le noir et l'éponge de platine, à condenser l'oxygène du sang et à le rendre apte à oxyder, brûler des corps sur lesquels il est sans action dans les circonstances ordinaires de l'atmosphère. Exemple : le noir de platine alcalisé transforme à la température ordinaire la glycose en eau et acide carbonique, l'organisme détruit la glycose en la transformant aussi en eau et acide carbonique ; le noir de platine n'exerce aucune action sur le sucre de canne, la gomme et la mannite ; l'organisme n'exerce également aucune action sur ces substances.

— Enfin, permettez-nous d'opposer à l'assertion de M. Fauconneau-Dufresne l'autorité bien compétente du docteur Lehmann, qui professe publiquement nos opinions sur la nécessité des alcalis pour la destruction de certaines substances dans l'économie. Ce célèbre professeur dit dans son *Précis de chimie physiologique animale*. « On peut affirmer avec certitude que les al-
» calis, dans les conditions où ils se trouvent placés dans
» le sang circulatoire, doivent exercer une action oxy-
» dante sur un certain nombre de matières organiques.
» La chimie nous apprend qu'au contact de l'oxygène
» atmosphérique, bon nombre de matières organiques
» s'oxydent en présence des alcalis plus rapidement au
» moins que sans leur concours. Ainsi, certains acides
» organiques placés en dehors de l'économie (acides
» gallique ou pyrogallique), lorsqu'ils sont unis à des
» alcalis, absorbent très rapidement l'oxygène et se
» décomposent ; de même les lactates, tartrates, acé-
» tates, etc., à base d'alcali, injectés directement
» dans le sang, ou absorbés dans l'intestin, s'oxydent
» rapidement aux dépens de l'oxygène condensé dans

» le sang, et se brûlent en se convertissant en carbo-
» nates alcalins.

» Faut-il s'étonner de la rapide combustion que subit
» le sucre dans le sang, lorsqu'on voit cette substance
» en présence des alcalis s'emparer même de l'oxygène
» combiné, et l'enlever à l'oxyde de cuivre et à plu-
» sieurs autres oxydes? » (Lehmann, *Précis de chimie
physiologique*, 1855, pag. 318 et 319.)

III. — D'après les considérations que nous venons
d'exposer, nous nous croyons autorisé à rejeter formel-
lement la dernière proposition de M. Fauconneau-Dufresne : « C'est si peu par les alcalis, dit-il, que les
» eaux minérales guérissent ou amendent le diabète,
» que des résultats favorables ont été obtenus égale-
» ment par les opiacés, les évacuants, les astringents, les
» toniques, les ferrugineux, les acides, ainsi que par tous
» les moyens perturbateurs, ceux-ci n'aient-ils même été
» que moraux. L'action des eaux minérales ne semble
» donc être qu'une modification, une surprise, un arrêt
» dans l'acte de sécrétion morbide du foie. »
Nous sommes trop intéressé dans cette question pour
en renouveler la discussion devant vous, et malgré les
succès multipliés et incontestables obtenus par la mé-
dication alcaline, nous laissons aux médecins praticiens
à démontrer si les faits thérapeutiques confirment ou
infirment nos opinions sur le diabète ; à décider, en dehors de toute théorie, quel est le traitement le plus favorable à l'affection diabétique, et à vérifier si des eaux
minérales quelconques peuvent présenter les mêmes
chances curatives que les eaux alcalines de Vichy, Ems,
Carlsbad, etc.

Réponse de M. Mialhe aux objections de M. Leconte sur l'oxydation du sucre. — Il y a deux ans, lorsque j'ai eu l'honneur de lire à la Société hydrologique une note complémentaire sur mes recherches relatives à l'oxydation et à la destruction du sucre dans l'économie animale, sous l'influence des alcalis, notre collègue M. Leconte s'efforça de démontrer qu'il n'était pas nécessaire de recourir à l'intervention des alcalins pour expliquer ce phénomène, puisque les acides ont aussi la propriété de déterminer l'oxydation du sucre.

A cette époque, M. le président n'a pas pu me donner l'autorisation de répondre; mais comme, dans la dernière séance, la même argumentation a été reproduite, je crois devoir aujourd'hui présenter quelques observations en faveur de mon opinion.

M. Leconte avance que l'oxydation de la glycose est possible par les acides; oui sans doute elle est possible, mais en dehors de l'économie; et nous n'avons jamais soutenu le contraire, puisque, dans notre *chimie appliquée à la physiologie et à la thérapeutique*, nous avons dit, en étudiant les réactions de la glycose en dehors de l'organisme, page 63 : « Avec les acides hydrochlorique et sulfurique étendus et bouillants, la glycose se convertit en une matière brune ou noire, ulmine, acide ulmique et formique ; tandis qu'à froid ou à la température de 32 degrés avec les mêmes acides étendus, elle ne subit aucune transformation. »

Effectivement, c'est en soumettant pendant longtemps à une température élevée un mélange de glycose et d'acide, que l'on obtient la décomposition de la glycose en matières propres à absorber l'oxygène ; tandis qu'en chauffant la glycose avec une certaine quantité d'alcali, la décomposition est instantanée. C'est ce que nous avons dit en ajoutant que : ces phénomènes se produisent à tous les degrés de température, mais d'autant plus lentement que la chaleur est moindre.

C'est une expérience dont nous voulons immédiatement vous rendre juges.

Deux tubes contenant une égale dissolution d'un mélange de glycose et de sulfate de cuivre sont chauffés jusqu'à ébullition : l'ébullition peut être longtemps prolongée sans qu'il se produise aucune réaction. Mais il suffit d'ajouter quantité suffisante d'alcali (soude on potasse) dans un des tubes pour déterminer *instantanément* la réduction du bioxyde de cuivre, tandis que l'autre tube, privé d'alcali, ne présente aucun indice de réduction.

Dans cette expérience, il ne peut rester à personne le doute que l'alcali n'ait facilité et activé cette réduction.

Eh bien ! c'est ce fait seul que nous invoquons pour expliquer l'oxydation de la glycose chez l'homme à l'état physiologique.

L'économie animale n'a à sa disposition ni haute température, ni acides puissants, mais elle est abondamment pourvue de bases alcalines qui font partie intégrante de la plupart des humeurs vitales : puisqu'il y a oxydation et combustion de la glycose, c'est à l'intervention des alcalis que nous devons logiquement les rapporter. Car si, dans l'économie, les acides et la température pouvaient à eux seuls déterminer cette oxydation, il s'en suivrait que tous les sucres devraient être

également décomposés et détruits ; et, tout au contraire, nous ne voyons se décomposer que les sucres
qui acquièrent, en présence des alcalis, la propriété
d'absorber l'oxygène. Ainsi, le sucre de canne, injecté
dans les veines, n'est point décomposé et est entièrement éliminé par les urines, tandis que la glycose dis-
paraît, décomposée et brûlée, sans laisser de trace dans
aucune sécrétion (1).

Nous nous croyons donc autorisé à maintenir dans
son intégrité, notre conclusion anciennement formulée,
que *la présence des alcalis est indispensable pour la
décomposition et l'oxygénation de la glycose dans l'économie animale.*

(1) Expériences de MM. Bernard, Bouchardat et Sandras
Lehmann, Mialhe, etc.